普通高等教育土建学科专业"十二五"规划教材
全国高职高专教育土建类专业教学指导委员会规划推荐教材

园林制图习题集

(园林工程技术专业适用)

本教材编审委员会组织编写
何向玲 主 编
李新天 副主编
丁夏君 主 审

中国建筑工业出版社

前 言

本习题集与何向玲主编的《园林制图》一书配套使用，可供全国高职高专院校园林工程技术专业教学使用，同时也可作为园林行业职业技能培训、园林企业职工培训教材，另外还可作为中等职业技术学校、大专函授、成人高校和本科院校的二级技术学院继续教育等的教材。

第1章由上海城市管理职业技术学院朱红霞编写。第2章、第3章、第4章、第5章由上海城市管理职业技术学院李新天编写，第6章由上海城市管理职业技术学院何向玲编写。全书由何向玲统稿。

本习题集在编写的过程中得到多方面的支持和鼓励，在此表示衷心的感谢。由于编者的水平和经验有限，习题集中难免出现不当之处和错误，恳请广大读者批评指正。

注明：为便于教师使用、学生练习，本习题集中×.×标题同《园林制图》教材中的×.×标题一一对应。

编者

目 录

第1章 园林制图的基本知识 ················ 1
　1.2 制图的标准与规范 ················ 1
　1.3 几何作图 ················ 5

第2章 投影作图 ················ 6
　2.1 投影的基本知识 ················ 6
　2.2 点的投影 ················ 7
　2.3 直线的投影 ················ 9
　2.4 平面的投影 ················ 12
　2.5 形体的三面投影 ················ 16

第3章 剖面图和断面图 ················ 36
　3.1 剖面图 ················ 36
　3.2 断面图 ················ 39

第4章 轴测投影 ················ 40
　4.2 正轴测投影 ················ 40
　4.3 斜轴测投影 ················ 43

第5章 透视 ················ 45
　5.1 透视概述 ················ 45
　5.2 绘制透视图的相关选择 ················ 46
　5.3 平行透视（一点透视） ················ 51
　5.7 透视辅助方法 ················ 55

第6章 园林工程图 ················ 58
　6.3 园林竖向设计图 ················ 58
　6.4 园路工程图 ················ 59
　6.8 园林建筑施工图 ················ 60

主要参考文献 ················ 61

第1章 园林制图的基本知识

1.2 制图的标准与规范（一）

1. 图名：字体练习
2. 图幅：A3 横幅
3. 目的：按照国家制图标准的规定书写工程字，提高书写质量与速度。
4. 内容：按照长仿宋字字高与字宽的标准打好字格，仿照所给的字样进行练习。
5. 说明

(1) 按照国家制图标准中的规定进行书写。
(2) 字宽与字高之比是 1：2，字间距是字高的 1/4，行间距是字高的 1/3。
(3) 按照上面所说的标准绘制字格，采用铅笔绘制。
(4) 仿照的样字用针管笔进行书写。

园林景观建筑小品花架工程

植物排水绿化喷泉铺装瀑布

0 1 2 3 4 5 6 7 8 9

A B C D E F G H I J K L M N O P Q R S T U V W X Y Z

a b c d e f g h i j k l m n o p q r s t u v w x y z

第1章 园林制图的基本知识

1.2 制图的标准与规范（二）

1. 图名：画线练习
2. 图幅：A3 横幅
3. 目的：熟悉制图标准，尤其是图线的绘制和运用。
4. 内容：根据所给的图样进行绘制。
5. 说明

(1) 根据国家制图标准的规定进行绘制。
(2) 注意图线的线宽和线型。
(3) 注意图纸的布局，以及图纸中的图框、标题栏、会签栏等。

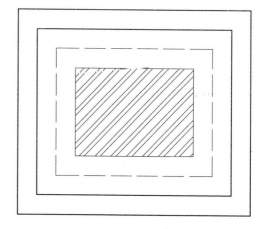

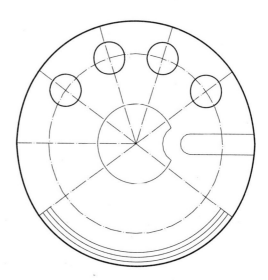

第1章 园林制图的基本知识

1.2 制图的标准与规范（三）

1. 图名：制图标准图例练习
2. 图幅：A3横幅
3. 目的：熟悉常用园林制图标准图例，正确使用制图工具。
4. 内容：根据所给的图样进行绘制。
5. 说明
(1) 根据国家制图标准的规定进行绘制。
(2) 注意图线的绘制、文字的书写和尺寸标注的方法。
(3) 在绘制之前根据图纸的情况进行布局。

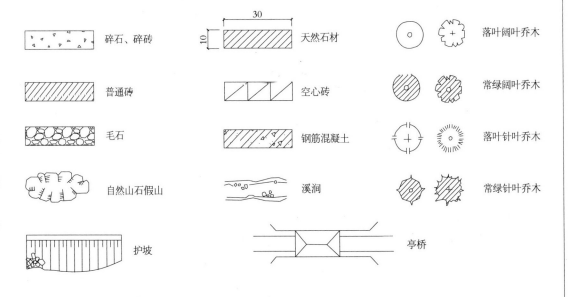

第1章 园林制图的基本知识

1.2 制图的标准与规范（四）

1. 图名：制图标准练习
2. 图幅：A3 横幅
3. 目的：熟悉制图标准，正确使用制图工具。
4. 内容：根据所给的图样进行绘制。
5. 说明

（1）根据国家制图标准的规定进行绘制。

（2）注意图线的绘制、文字的书写以及尺寸标注的方法。

（3）在绘制之前应该确定绘图比例，并根据图纸的情况进行布局。

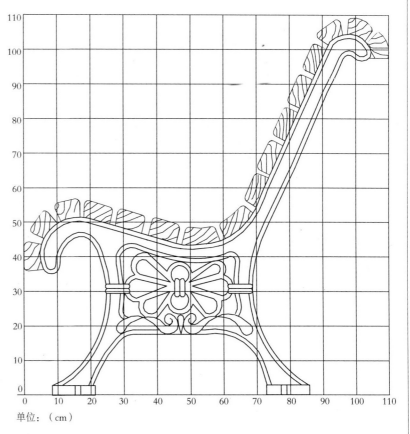

单位：（cm）

坐椅大样图

第1章 园林制图的基本知识

1.3 几何作图

1. 图名：几何作图
2. 图幅：A3图幅
3. 目的：熟悉掌握基本几何作图的方法，并进一步加强对图线、尺寸标注等方法的运用能力。
4. 内容：根据所给的图样进行绘制，根据图幅确定比例。

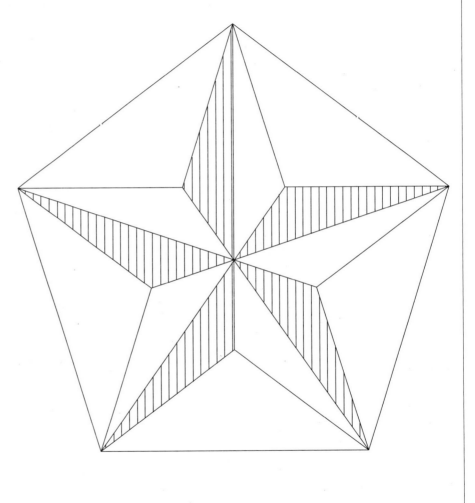

第 2 章 投影作图

2.1 投影的基本知识

1. 将投影图与立体图一一对应（在括号内填上立体图的编号）。

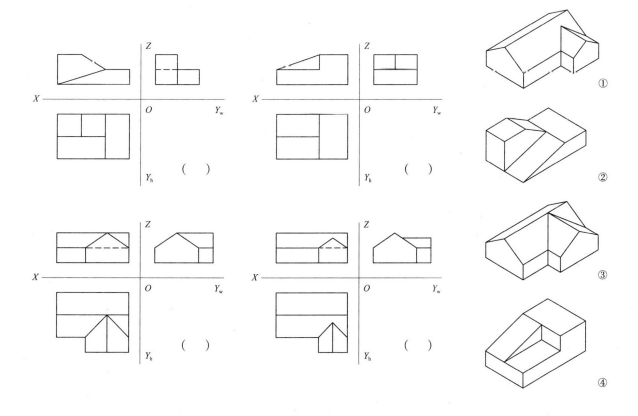

第 2 章 投影作图

2.2 点的投影（一）

1. 已知形体的立体图及投影图，体表面点 A、B 两点的投影及 C、D、E、F、G 各点的空间位置，试标注 A、B 两点在立体图中的位置，把 C、D、E、F、G 各点的三面投影标注到投影图中，并判别重影点的可见性。

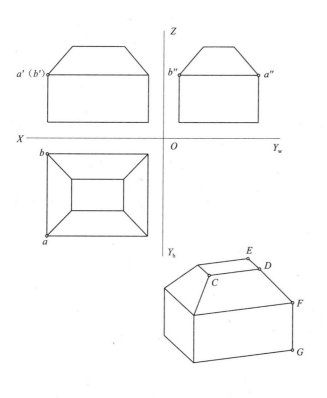

2. 已知点 A (10, 15, 20)、B (20, 0, 25)、C (0, 0, 15)，完成各点的三面投影图和立体图。

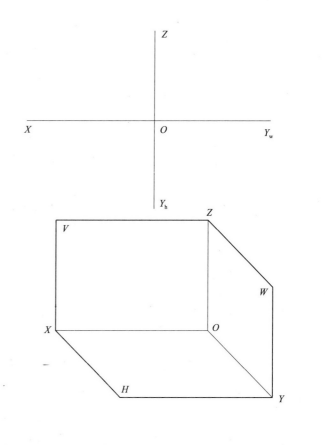

第 2 章　投影作图

2.2　点的投影（二）

3. 求作各点的第三投影，并填写出这些点的位置（如空间点、哪个投影面上的点、哪个投影轴上的点等）。

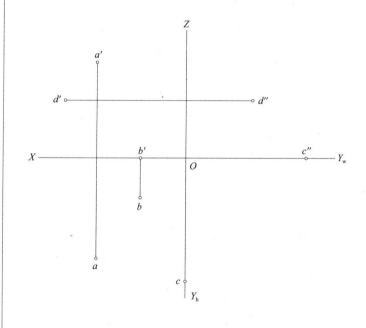

点	A	B	C	D
位置				

4. 已知表中各点相对于投影面的距离，作点的正投影图（单位：mm），并判断它们的空间位置关系：点 A 在点 B 的_____，点 C 在点 D 的_____。

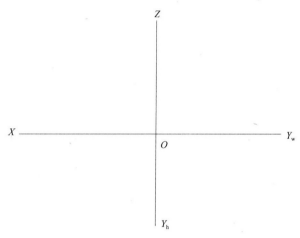

点　　　　距离	A	B	C	D
离 H 面	15	0	0	20
离 V 面	10	20	15	0
离 W 面	15	0	25	10

第 2 章　投影作图

2.3　直线的投影（一）

1. 补画四棱锥上棱线 AB、CD 的正面投影与侧面投影，并识别各棱线与投影面的相对位置。

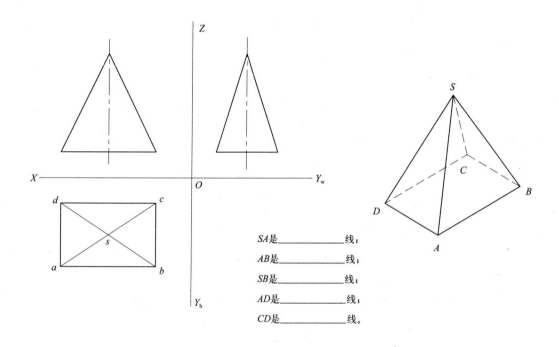

SA 是_____线；

AB 是_____线；

SB 是_____线；

AD 是_____线；

CD 是_____线。

第2章 投影作图

2.3 直线的投影（二）

2. 补画直线的第三投影，并写出各直线与投影面的相对位置。

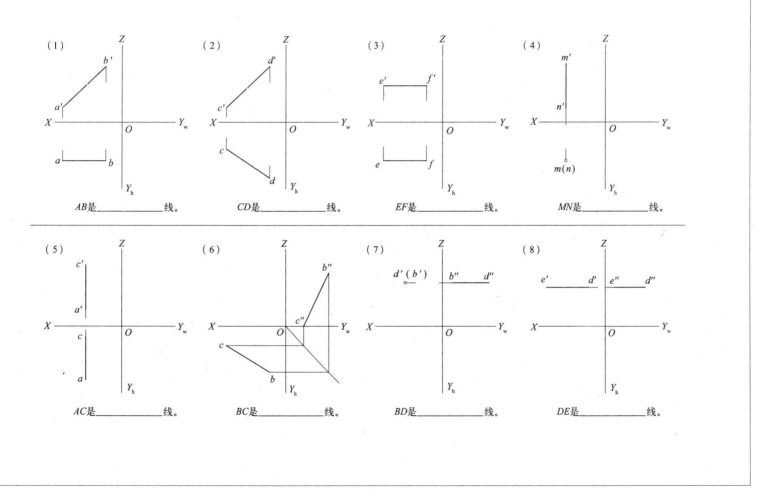

第2章 投影作图

2.3 直线的投影（三）

3. 判别下列各对直线 AB 和 CD 的相对位置（平行、相交、异面），并注写在投影图下方的横线上。

（1） AB与CD是_____。

（2） AB与CD是_____。

（3） AB与CD是_____。

（4） AB与CD是_____。

4. （选作）作直线 AB 平行于直线 CD，并与直线 EF 相交于 A 点，完成直线 AB 和 CD 的两面投影。

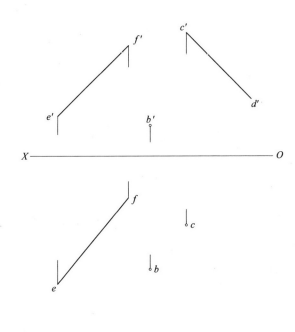

第 2 章 投影作图

2.4 平面的投影（一）

1. 找出立体图上指定平面的投影，并填写各平面与投影面的相对位置。

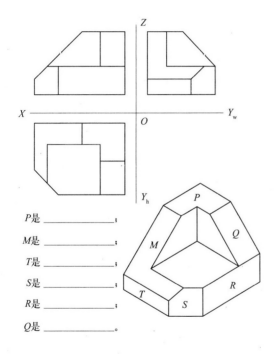

P是_____；

M是_____；

T是_____；

S是_____；

R是_____；

Q是_____。

2. 完成下列各平面的第三投影，并判别平面对投影面的相对位置。

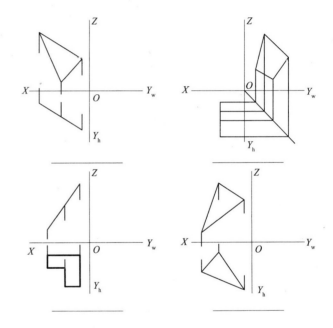

第2章 投影作图

2.4 平面的投影（二）

3. 完成平面 ABCDE 的投影。

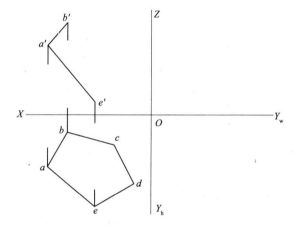

4. 已知 AD 平行 H 面，完成平面 ABCDE 的投影。

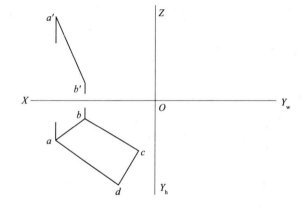

第 2 章 投影作图

2.4 平面的投影（三）

5. 过点 A 作平面内的正平线，过点 B 作平面内的水平线。

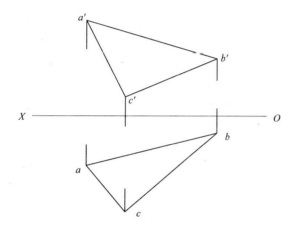

6. 判别点 M 是否在平面 ABC 内。

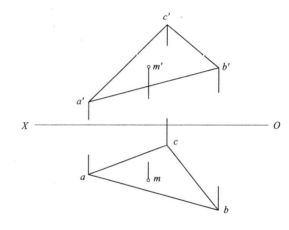

第 2 章 投影作图

2.4 平面的投影（四）

7. 已知点、直线或平面图形在平面内，分别绘制出各图中另一投影。

(1)
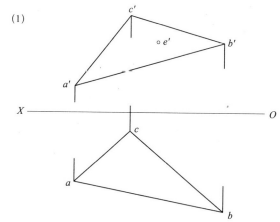

(2)
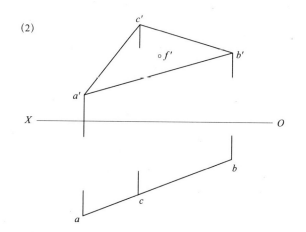

(3)
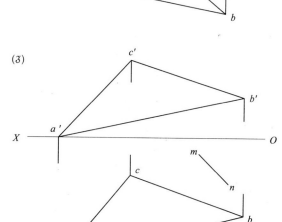

(4)
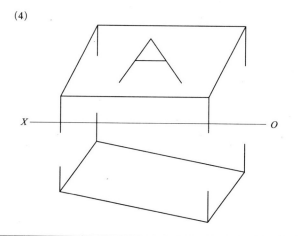

第 2 章　投影作图

2.5　形体的三面投影（一）

1. 根据立体图绘制出三棱柱的三面投影图。

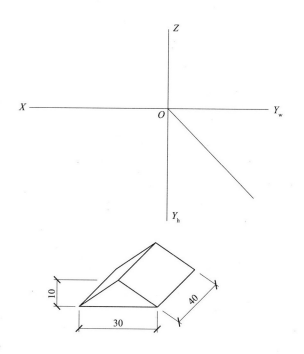

2. 根据立体图绘制出六棱柱的三面投影图。

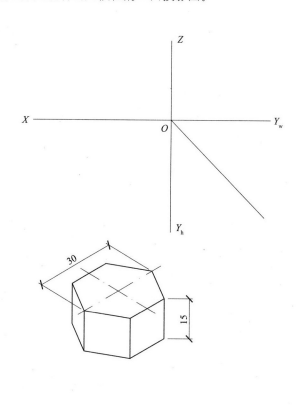

第2章 投影作图

2.5 形体的三面投影（二）

3. 根据立体图绘制出四棱锥的三面投影图。

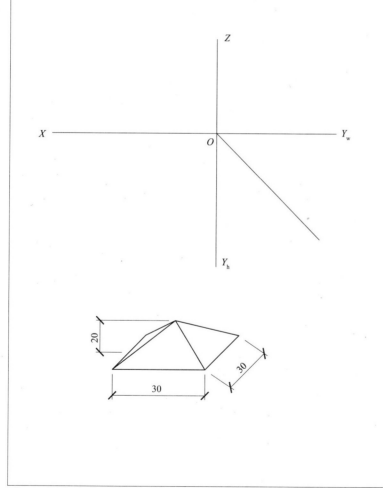

4. 根据立体图绘制出平面体的三面投影图。

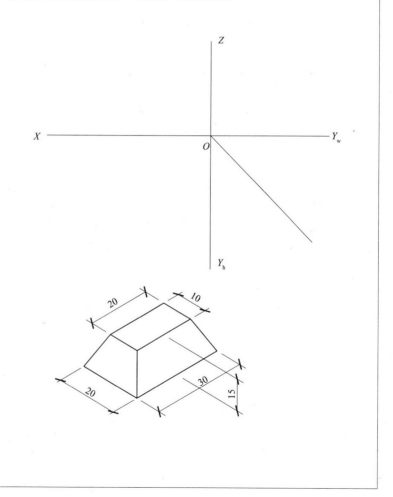

第 2 章 投影作图

2.5 形体的三面投影（三）

5. 求作四棱柱表面 A、B、C 点的其余投影。

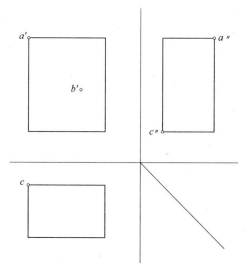

6. 求作四棱锥表面 D、E、F 点的其余投影。

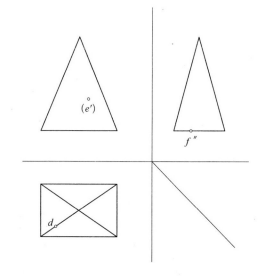

第2章 投影作图

2.5 形体的三面投影（四）

7. 求作三棱柱表面直线 ABC 的其余投影。

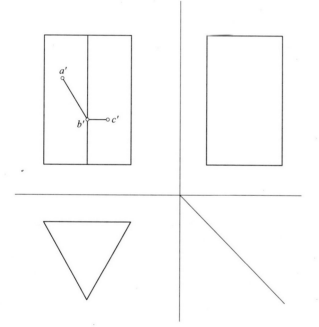

8. 求作三棱锥表面直线 DEF 的其余投影。

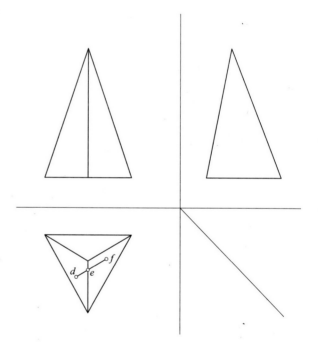

第 2 章 投影作图

2.5 形体的三面投影（五）

9. 根据立体图绘制出圆柱的三面投影图。

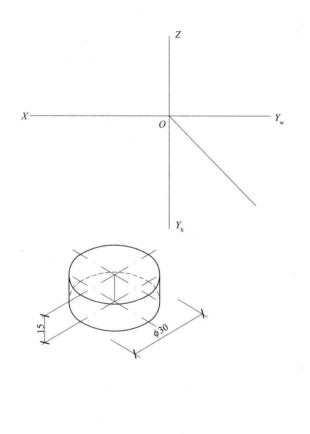

10. 根据立体图绘制出曲面。

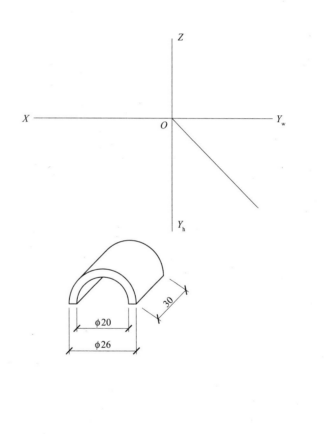

第2章 投影作图

2.5 形体的三面投影（六）

11. 根据立体图绘制出圆锥的三面投影。

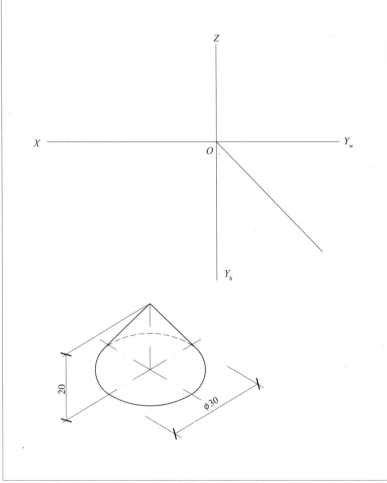

12. 根据立体图绘制出球体的三面投影图。

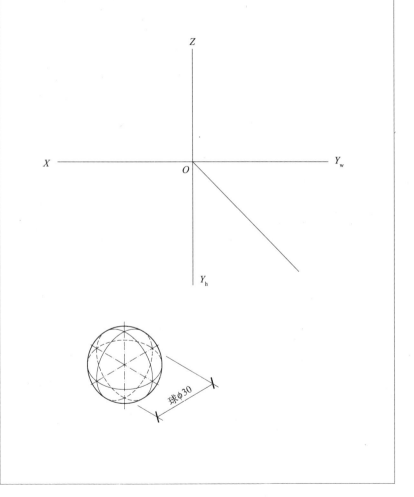

第 2 章 投影作图

2.5 形体的三面投影（七）

13. 求作圆柱表面 A、B、C 点的其余投影。

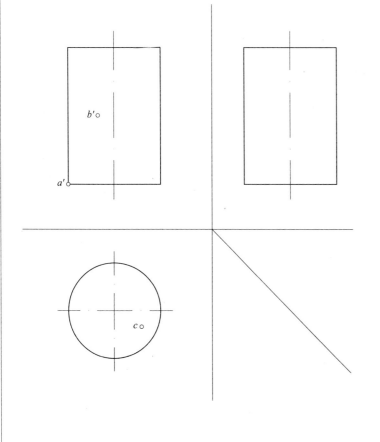

14. 求作圆柱表面线段 DEF 的其余投影。

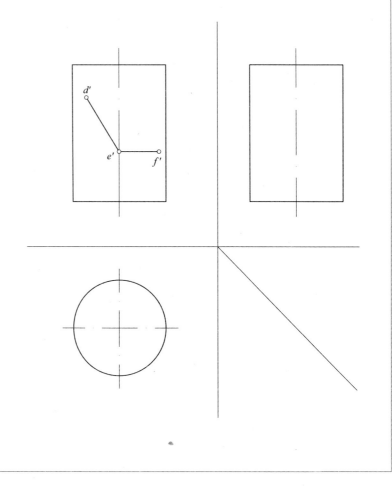

第 2 章 投影作图

2.5 形体的三面投影（八）

15. 求作圆锥表面 A、B、C 点的其余投影。

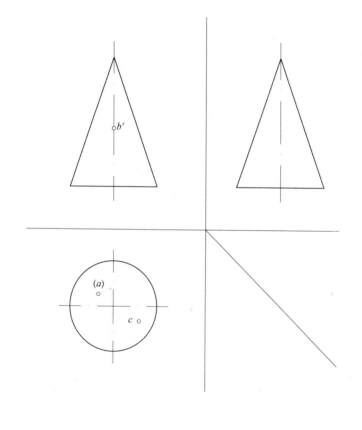

16. 求作圆锥表面线段 DEF 的其余投影。

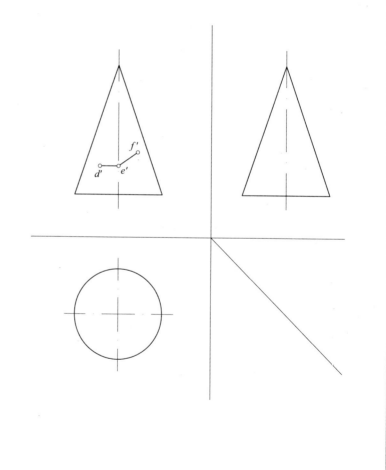

第 2 章 投影作图

2.5 形体的三面投影（九）

17. 求作球体表面 A、B、C 点的其余投影。

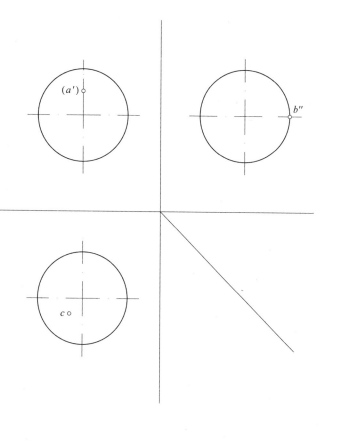

18. 求作球体表面线段 DEF 的其余投影。

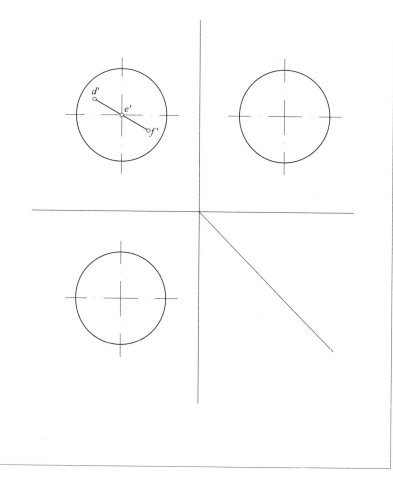

第2章 投影作图

2.5 形体的三面投影（十）

19. 根据立体图绘制出形体的三面投影图（尺寸由立体图中按1:1量取）。

(1)

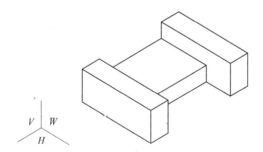

(2)

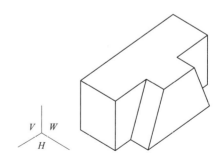

第 2 章 投影作图

2.5 形体的三面投影（十一）

19. 根据立体图绘制出形体的三面投影图（尺寸由立体图中按 1∶1 量取）。

(3)

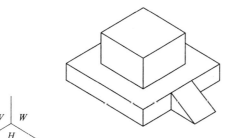

(4)

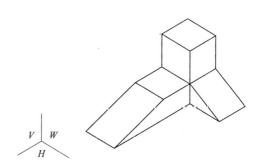

第2章 投影作图

2.5 形体的三面投影（十二）

19. 根据立体图绘制出形体的三面投影图（尺寸由立体图中按1:1量取）。

(5)

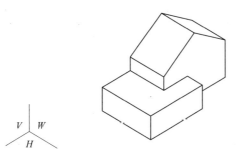

(6)

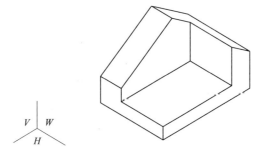

第2章 投影作图

2.5 形体的三面投影（十三）

19. 根据立体图绘制出形体的三面投影图（尺寸由立体图中按1∶1量取）。

(7)

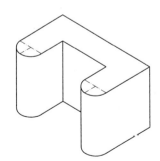

(8)

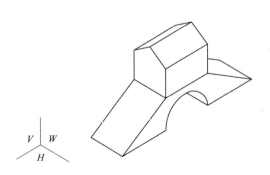

第 2 章　投影作图

2.5　形体的三面投影（十四）

20. 根据组合体的两面投影补全第三面投影所缺图线。

(1)

(2)

29

第 2 章 投影作图

2.5 形体的三面投影（十五）

20. 根据组合体的两面投影补全第三面投影所缺图线。

(3)

(4)

第2章 投影作图

2.5 形体的三面投影（十六）

20. 根据组合体的两面投影补全第三面投影所缺图线。

(5)

(6)

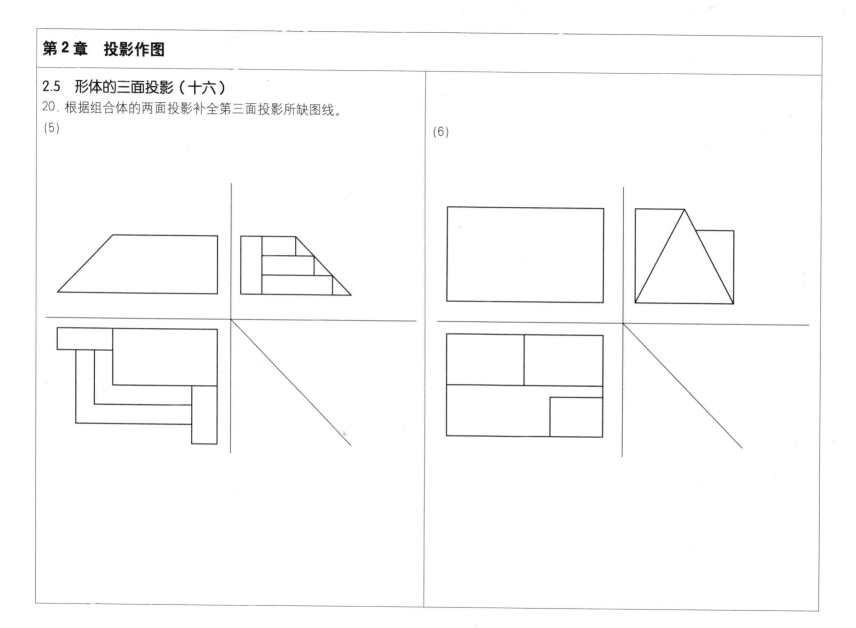

# 第 2 章 投影作图

2.5 形体的三面投影（十七）

20. 根据组合体的两面投影补全第三面投影所缺图线。

(7)

(8)

第 2 章 投影作图

2.5 形体的三面投影（十八）

21. 根据组合体的两面投影绘制出第三面投影。

(1)

(2)

第 2 章 投影作图

2.5 形体的三面投影（十九）

21. 根据组合体的两面投影补全第三面投影所缺图线。

(3)

(4)

第 2 章 投影作图

2.5 形体的三面投影（二十）

21. 根据组合体的两面投影补全第三面投影所缺图线。

(5)

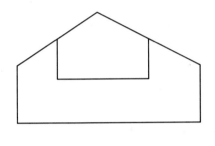

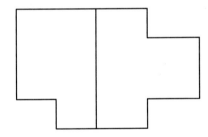

(6)

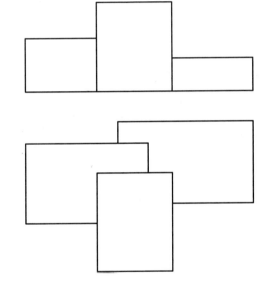

第3章 剖面图和断面图

3.1 剖面图(一)

1. 按三视图绘制出下图中 1-1，2-2，3-3，4-4 剖面图。

(1)

(2)

36

第3章 剖面图和断面图

3.1 剖面图（二）

1. 按三视图绘制出下图中 1—1，2—2，3—3，4—4 剖面图。

(3)

(4)

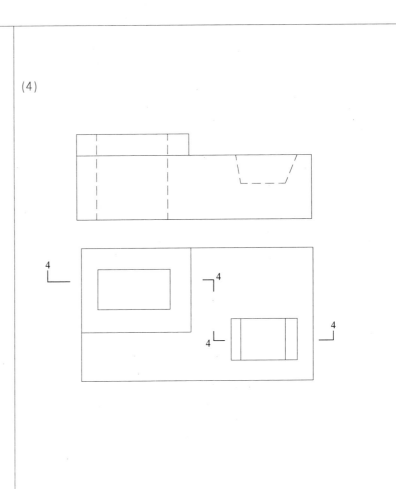

第3章 剖面图和断面图

3.1 剖面图（三）

2. 按照平面立面绘制出下图中 1—1，2—2 剖面图。

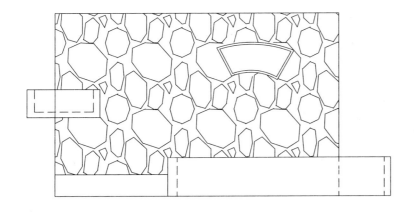

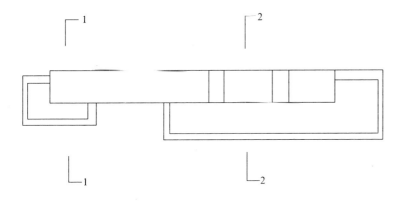

第3章 剖面图和断面图

3.2 断面图

1. 按照平面立面绘制出下图中1—1，2—2断面图。

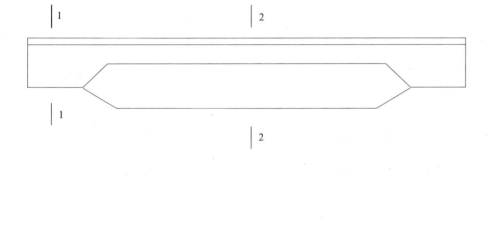

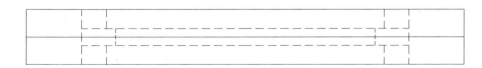

第4章 轴测投影

4.2 正轴测投影（一）

1. 根据正投影图作正等测图。

(1)

(2)

# 第4章 轴测投影

4.2 正轴测投影（二）

1. 根据正投影图作正等测图。

(3)

(4)

第4章 轴测投影

4.2 正轴测投影（三）

2. 根据正投影图作正二等轴测图。

(1)

(2)

第4章 轴测投影

4.3 斜轴测投影（一）

1. 根据正投影图作正面斜轴测图。

(1)

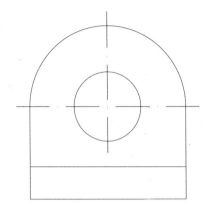

(2)

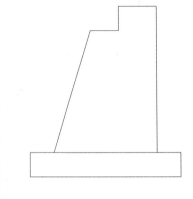

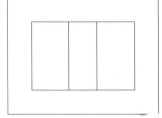

第4章 轴测投影

4.3 斜轴测投影（二）

2. 根据正投影图绘制水平斜轴测图。

(1)

(2)

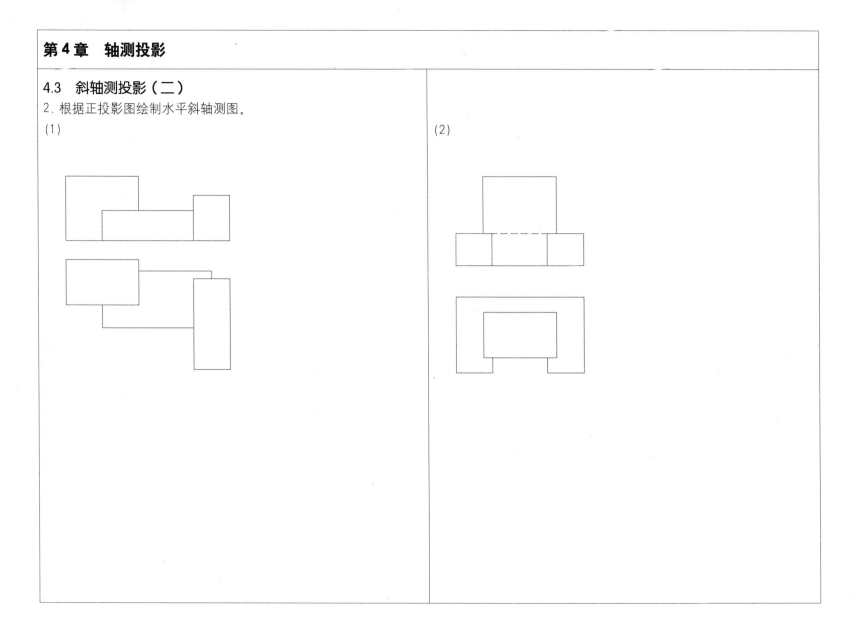

44

第5章 透视

5.1 透视概述

在研究透视规律与法则的过程中，通常要拟定相应的条件并用透视学中的专业术语表达。因此，首先要了解这些常用术语的含义。在下图对应位置上标注透视术语名称（基面、画面、景物、视线、透视投影图、站点、视点）。

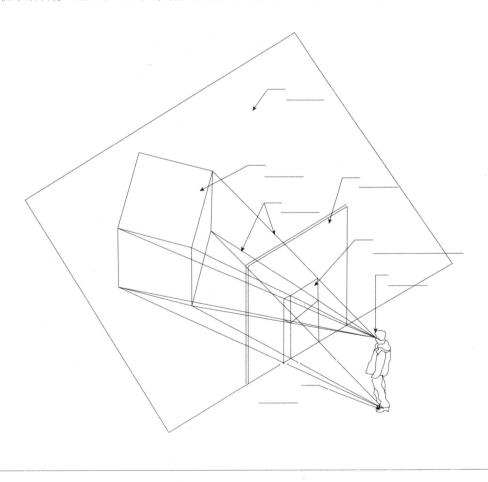

45

第 5 章 透视

5.2 绘制透视图的相关选择：绘制出地面上平面图形的一点透视。

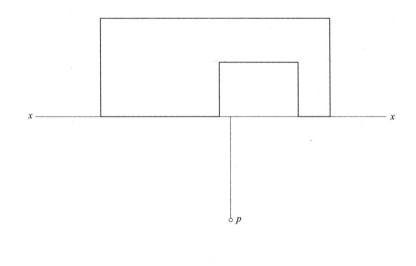

46

第 5 章　透视

5.2　**绘制透视图的相关选择**：绘制出地面上平面图形的两点透视。

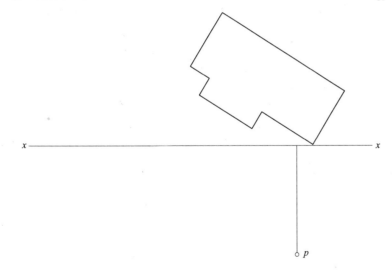

47

第 5 章 透视

5.2 绘制透视图的相关选择： 用视线法作建筑形体的一点透视。

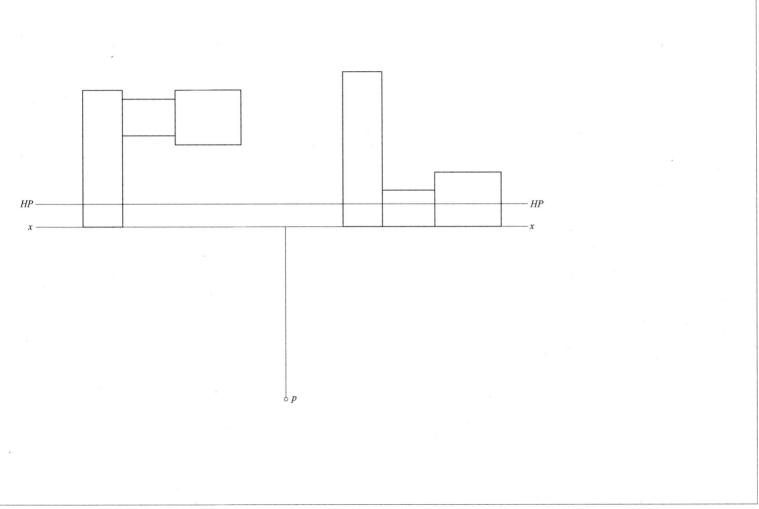

48

第5章 透视

5.2 绘制透视图的相关选择： 用视线法作建筑形体的两点透视。

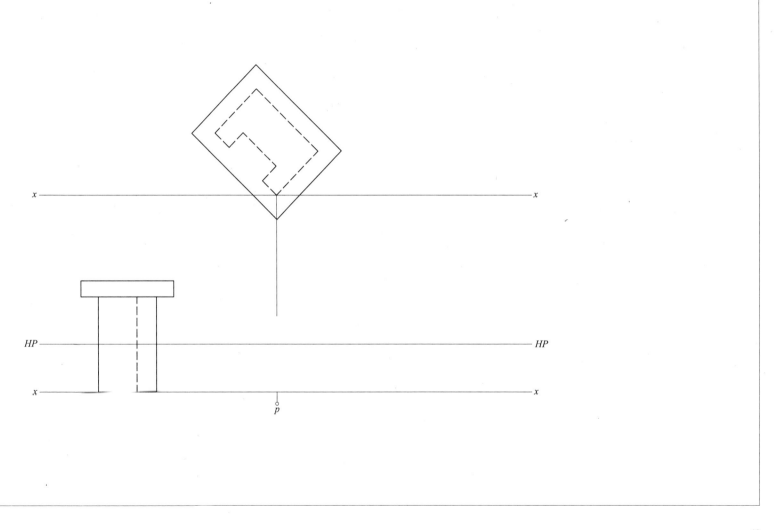

第 5 章 透视

5.2 绘制透视图的相关选择： 用网格法作出一点鸟瞰透视图。

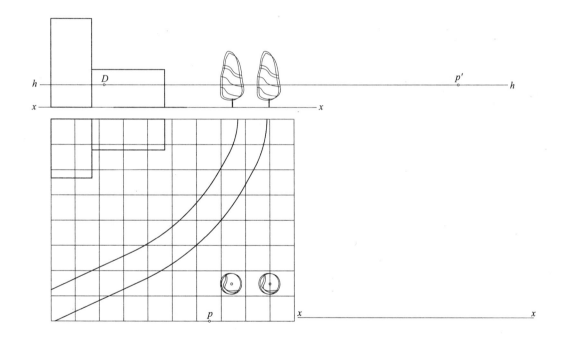

第5章 透视

5.3 平行透视（一点透视）：按照平面图中尺寸绘制一张一点透视的室内透视图。

要求：(1) A3 图纸；(2) 选择适当的比例；(3) 层高设为 3m；(4) 视距设为 5m；(5) 线条粗细分明；(6) 家具高度参照设计资料集；(7) 在透视准确的前提下加入风格创意。

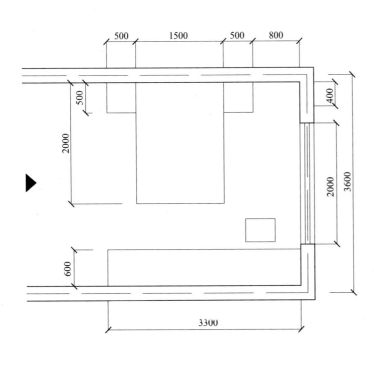

第5章 透视

5.3 平行透视（一点透视）： 按照平面图中尺寸绘制一张一点透视的室内透视图。

要求：(1) A3图纸；(2) 选择适当的比例；(3) 层高设为3m；(4) 视距设为5m；(5) 线条粗细分明；(6) 家具高度参照设计资料集；(7) 在透视准确的前提下加入风格创意；(8) 注意曲线形体的创建；(9) 要求加入适合的顶面造型。

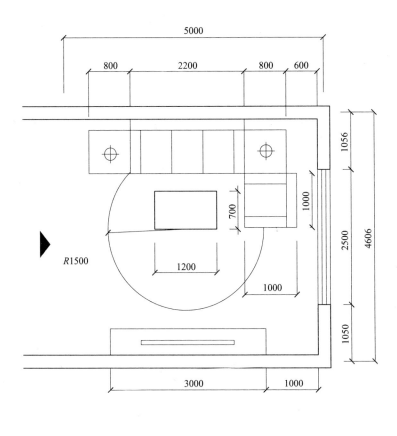

第5章 透视

5.3 平行透视（一点透视）： 按照平面图中尺寸绘制一张一点透视的室内透视图。

要求：(1) A3 图纸；(2) 选择适当的比例；(3) 层高设为 3m；(4) 视距设为 6m；(5) 视角 50°40°；(6) 线条粗细分明；(7) 家具高度参照设计资料集；(8) 在透视准确的前提下加入风格创意。

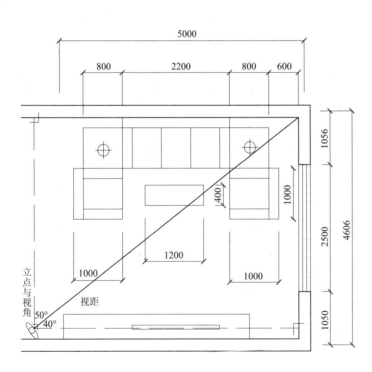

第5章 透视

5.3 平行透视（一点透视）： 按照平面图中尺寸绘制一张二点透视的室内透视图。

要求：（1）A3图纸；（2）选择适当的比例；（3）层高设为3m；（4）视距设为5m；（5）视角60°30°；（6）线条粗细分明；（7）家具高度参照设计资料集；（8）在透视准确的前提下加入风格创意；（9）注意曲线形体的创建；（10）要求加入适合的顶面造型。

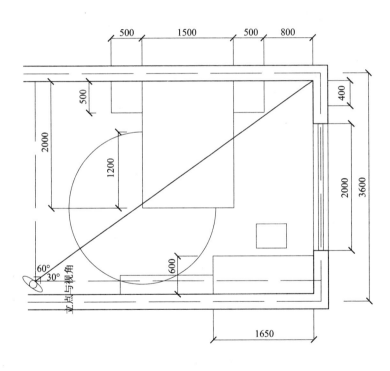

54

第5章 透视

5.7 透视辅助方法：在所给的一点透视图中进行造型。

要求：(1) 用对角等分法，细分图形进行造型；(2) 结合八点定圆法，添加曲线造型。

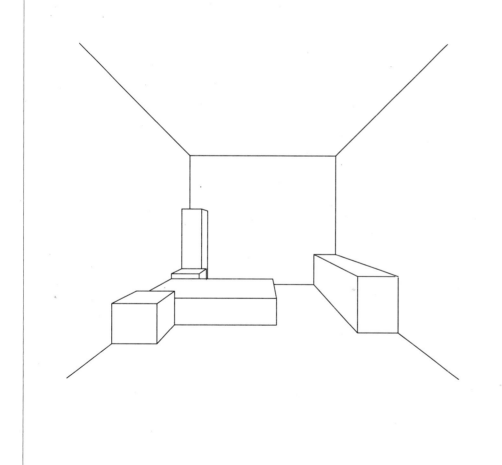

第5章 透视

5.7 透视辅助方法： 在所给的两点透视图中进行造型。

要求：（1）用对角等分法，细分图形进行造型；（2）结合八点定圆法，添加曲线造型。

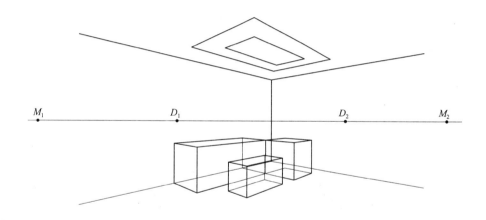

第5章 透视

5.7 透视辅助方法： 按照所给平面、立面绘制鸟瞰透视图。

要求：(1) A3图纸；(2) 选择适当的比例；(3) 线条粗细分明；(4) 注意曲线形体的创建；(5) 效果参照范图。

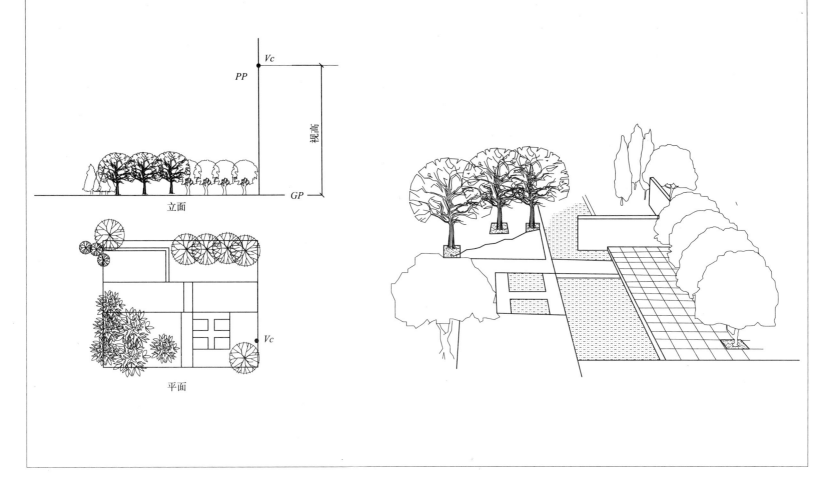

第 6 章 园林工程图

6.3 园林竖向设计图

抄绘园林地形设计图，要求：(1) A2 图纸；(2) 选择适当的比例；(3) 标注标高，排水方向；(4) 线条粗细分明，曲线自然，尺寸标注齐全，字体工整，汉字采用长仿宋体；(5) 绘制标题栏、比例、指北针。

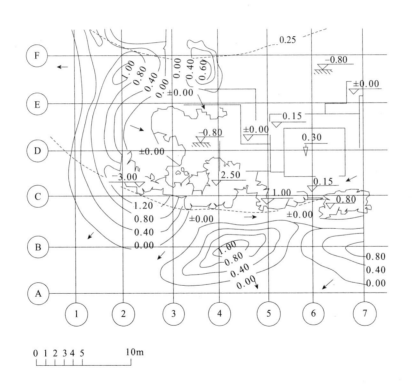

第6章 园林工程图

6.4 园路工程图

抄绘园路铺装图，要求：(1) A4图纸；(2) 选择适当的比例，作图准确；(3) 线条粗细分明，尺寸标注齐全，字体工整，汉字采用长仿宋体。

第6章 园林工程图

6.8 园林建筑施工图

抄绘四角方亭平立、面图。要求：(1) A2图纸；(2) 选择适当的比例；(3) 线条粗细分明，曲线自然，字体工整，汉字采用长仿宋体，尺寸标注齐全，作图准确，绘制标题栏，比例。

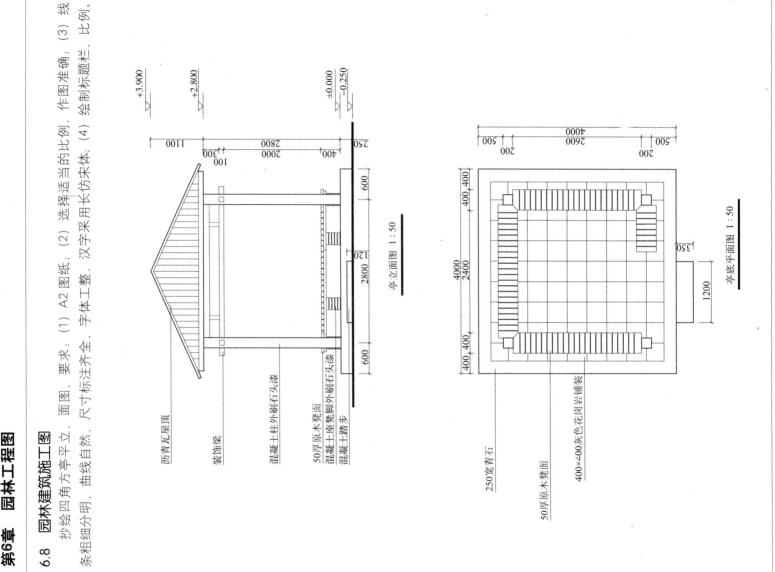

主要参考文献

[1] 吴机际主编．园林工程制图习题集（第一版），广州：华南理工大学出版社，2001．

[2] 潘雷编著．景观设计 CAD 图块资料集．北京：中国电力出版社，2005．

[3] 卢传贤主编．土木工程制图习题集．北京：中国建筑工业出版社，2008．

[4] 筑龙网．园林景观设计 CAD 图集，武汉：华中科技大学出版社，2008．